화장실 익스프레스

손잡은 클립 형제

1판 1쇄 발행
2025년 1월 20일

지은이 김원섭, 고선아 | **발행처** 도서출판 혜화동
발행인 이상호 | **편집** 이희정
주소 경기도 고양시 일산동구 위시티3로 111, 202-2504
등록 2017년 8월 16일 (제2017-000158호)
전화 070-8728-7484 | **팩스** 031-624-5386
전자우편 hyehwadong79@naver.com

ISBN 979-11-90049-50-4 (74400)
ISBN 979-11-90049-47-4 (세트)

무서운 과학책
변기박사 편

화장실 익스프레스

손잡은 클립 형제

김원섭, 고선아 지음

혜화동

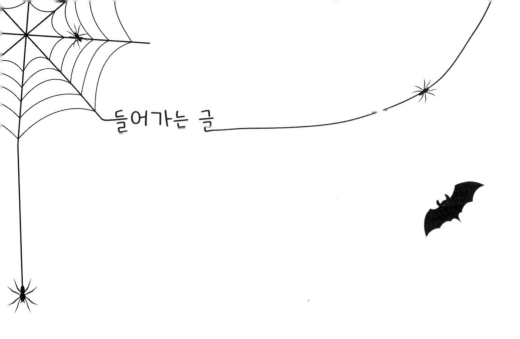

들어가는 글

'화장실'이란 단어를 들으면 여러 가지 생각이 떠오릅니다. 냄새나고 지저분한 느낌도 있지만, 왠지 부끄럽기도 하고, 차갑고 무섭기도 하지요. 다르게 생각해 보면 화장실은 멀티버스 세상과도 같습니다. 바깥과 다른 세상, 뭔가 새로운 곳으로 데려다줄 수 있는 그런 공간일 수 있습니다.

한편 과학은 그런 새로운 시간과 공간으로 이동해을 때, 벌어진 문제를 해결해 줄 수 있는 열쇠 같은 존재입니다. 상상력은 이야기를 만들어 내고, 과학 원리는 만들어 낸 이야기 속에서 정답을 적을 수 있게 해 줍니다.

'화장실 익스프레스'에서 나온 에피소드는 모든 친구들과 나의 이야기입니다. 종이꽃을 피운 병구도, 치카치카강을 건넌 상연이도 모두 우리 친구이자 나의 모습입니다. 이야기에 푹 빠져서 함께 문제를 해결하다 보면 어느새 새롭게 변한 자기 모습을 볼 수 있을 거예요. 에피소드 마지막에 있는 과학실험은 누구나 쉽고 재미있게 할 수 있도록 꾸몄습니다. 평소에 과학실험을 잘하지 못했던 친구들도 쉽게 할 수 있어요.

머리로 이야기를 그리고, 손으로 과학실험을 만지다 보면, 어느새 화장실이 아주 많이 신기하고 재미있는 곳이라고 생각할 겁니다. 이제 자신 있게 화장실 문을 열어 보세요.

차례

에피소드 #3

천 장을 들어 올리는 한 장

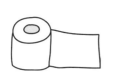
에피소드 #4

화장지로 바람의 계곡을 건너라

에피소드 #5

한 번에 잘라 별을 만들어라

손잡은 클립 형제

"내가 먼저! 내가 먼저 탈래!"

"아니야, 내가 먼저야! 오늘은 내가 먼저 탈 거야!"

오늘도 강우와 강산은 서로 먼저 차를 타겠다고 몸싸움을 벌였다.

"얘들이! 그러지 말랬지? **차 탈 때는 특히 더 위험한데 그러면 안 되지!** 쌍둥이 형제끼리 누가 먼저가 뭐가 중요해. 같이 사이좋게 지내야지."

오늘은 모처럼 엄마와 함께 새를 관찰하러 가는 날이었다. 쌍둥이 형제인 강우와 강산은 어렸을 때부터 새를 보는 걸 좋아해서 종종 엄마 아빠와 함께 새를 보러 다니곤 했다. 하지만 출발부터 엄마의 호통에 머쓱해지고 말았다.

"야, 내가 1분 먼저 태어났으니까 형이야! 너는 형님 먼저라는 말도 모르냐?"

"치! 1분이라도 형이면 동생에게 양보해야지, 안 그래?"

도착할 때까지 옥신각신하던 강우와 강산은 저 멀리 새들

이 모여 있는 바닷가를 보자 누가 먼저랄 것도 없이 차 문을
열고 내렸다.

"와! 엄마, 저기 좀 봐요! 새가 엄청 많아요!"

"새를 볼 땐 조용조용해야 하는 거 몰라?"

여전히 옥신각신하는 형제를 보며 엄마는 손가락을 입에
대고 조용히 하라는 신호를 보내며 집에서 가져온 쌍안경
을 꺼내 주셨다.

"쉿! 저기 좀 봐! 검은머리물떼새가 많이 있네! 저 멀리 저어새도 있는 것 같은데, 쌍안경으로 한번 볼까?"

"저요! 저요! 제가 먼저 볼래요!"

"아냐, 내가 먼저 볼 거야!"

하지만 이번에도 강우와 강산은 하나밖에 없는 쌍안경을 서로 먼저 보겠다고 다투기 시작했다. 그 바람에 가까이 있던 검은머리물떼새들은 놀라 날아가 버렸다. 멀리 있던 저어새들도 그 사이 어디론가 가고 없었다.

이제 화가 머리끝까지 난 엄마는 더 이상 탐조를 할 수 없다고 생각했다.

"쌍안경 이리 가져와! 그만 집에 가자. 둘이 계속 싸우는 이상 새 안 보고 집에 갈 거야!"

새를 보지도 않았는데 집으로 돌아간다는 말에 깜짝 놀란 강우와 강산은 싸움을 멈추고 동시에 말했다.

"안 돼요! 더 볼래요!"

모처럼 새를 보러 왔는데 보지도 않고 그냥 돌아간다니! 하지만 이미 엄마는 결심을 단단히 하신 것 같았다. 이미 차에 다시 짐을 싣고 계셨기 때문이다. 강우와 강산은 눈을 마주치고는 약속이라도 한 듯이 말했다.

"도망가자!"

그리고는 쌍안경을 든 채 바닷가 화장실로 뛰어 들어가 문을 잠갔다. 엄마가 쫓아오실 걸 알지만 그래도 일단 화장실로 도망가서 시간을 벌고 싶었다. 하지만 화장실 안에 같이 있으니 또다시 서로 화를 내며 다투기 시작했다.

"휴~. 그나저나 이게 다 너 때문이야! 쌍안경을 내가 먼저 보게 해 줬으면 됐잖아!"

"누가 할 소리! 형이 먼저 양보했으면 다 같이 새를 봤을 걸?"

"끼룩끼룩~."

그런데 그때! 어디선가 새들이 내는 소리가 들리기 시작하며 화장실 전체가 흔들거리기 시작했다.

"뭐…, 뭐지? 새떼가 시끄럽다고 우릴 공격하는 건가?"

"얼른 나가자! 얼른!"

무서워진 강우와 강산은 엄마에게 돌아가려고 화장실 문을 열었다. 그런데 이게 무슨 일일까? 수많은 새가 가득 날아오르며 강우와 강산을 둘러싸며 날아오르기 시작했다.

"으아아~. 이게 다 뭐야? 엄마~~!"

"화장실 익스프레스~~~."

"철푸덕!"

"으…, 이게 뭐야? 새똥이잖아!"

강우와 강산은 물컹하고 미지근한 새똥이 이마에 떨어지는 바람에 깨어났다. 새똥을 맞고 기분은 나빴지만, 지금은 사실 그런 걸 따질 때가 아니었다. 주위를 둘러보니 이곳은 섬이었는데, 섬의 산꼭대기에는 다양한 새들이 잔뜩 있었다.

"왜 새들이 날아가지 않고 저렇게 모여 있지?"

쌍안경으로 섬을 관찰하던 강산이 말했다. 강우가 쌍안경으로 다시 살펴보니 정말 새들이 날아가지 않고 앉아 있었다. 그런데 이상하게 많은 새가 날개에 상처가 나 있었다.

"날개를 다친 새가 많아!"

그때 쌍안경으로 계속 섬을 둘러보던 강우의 눈에 뭔가가 들어왔다. 분명 하늘은 아무것도 없이 열려 있어야 하는데, 뭔가 있었다.

"저건…, 그물이야! 새들이 저 그물 때문에 날아가지 못하고 이 섬에 갇혀 있는 건가 봐!"

"어디 봐봐. 맞네! 그물이네! 그리고 저기 하늘 한가운데에 그물을 잠궈 두는 자물쇠 같은 게 있어!"

어느새 강우와 강산은 번갈아 가며 쌍안경을 이용해 새들을 도와줄 방법을 찾고 있었다. 이제서야 마음이 착착 잘 맞는 쌍둥이 형제 같았다. 그런데 갑자기 어디선가 매캐한 냄새가 나기 시작했다.

"켁켁…. 형! 연기 같은 게 나는데?"

"저길 봐! 섬에 불이 났어!"

산 중턱에서 난 불은 금세 산 정상과 그 아래를 향해서 번 져 오고 있었다. 새들은 불에 놀라 하늘로 날아오르기 시작 했지만, 하늘의 그물에 갇혀 멀리 날아가지 못하고 빙글빙 글 그물 아래를 돌기 시작했다. 강우와 강산은 저 그물을 빨리 없애고 새들과 함께 이 섬을 탈출하고 싶었다. 하지만

그물까지는 너무 높아서 날지 않으면 갈 수가 없었다. 그런데 그때! 거대한 독수리가 강우와 강산 쪽으로 날아와 앉았다.

"우리를 태워 줄 건가 봐!"

강우와 강산은 독수리를 타고 하늘로 날아올라 자물쇠에 닿았다. 자물쇠에는 봉투가 하나 매달려 있었는데 그 안에는 반짝이는 금속 고리 두 개와 함께 편지가 있었다.

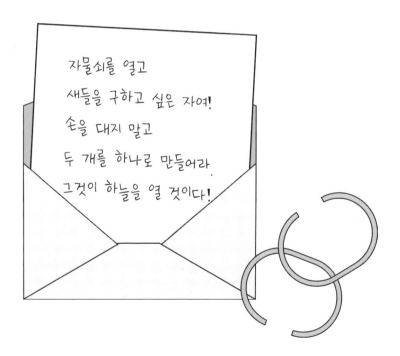

자물쇠를 열고
새들을 구하고 싶은 자여!
손을 대지 말고
두 개를 하나로 만들어라.
그것이 하늘을 열 것이다!

"손을 대지 말고 두 개를 하나로 만들라고? 그게 가능해?"

강산은 형을 보며 울먹이며 말했다. 아무래도 이건 풀기 어려운 문제 같았기 때문이다. 게다가 이미 산불은 빠르게 번져서 연기가 하늘을 가득 채우고 있었다. 새들은 이제 모두 날아올라 그물 밑에서 거대한 떼를 이루며 빙빙 돌고 있었다. 언젠가 천수만에서 본 철새들보다 백 배는 더 많아 보였다.

"잠깐! 손을 대지 말고 이 두 개를 하나로 만들라는 거지?"

"두 개를 하나로 만들라는 건 두 개를 연결하라는 뜻이 아닐까?"

이제 강우와 강산은 서로 의논하며 문제를 풀고 있었다. 그만큼 서로 도와서 새들을 구하고 싶은 마음이 간절했다.

"근데 형, 이 고리를 서로 연결하려면 클립 모양처럼 만들어야 될 것 같은데?"

"아, 맞다! 클립! 그래! 클립을 손 안 대고 연결하기!"

강산의 말에서 뭔가 떠오른 강우는 금속 고리를 손으로
이리저리 구부려서 클립 모양으로 만들었다. 그리고는 편지
종이를 길게 잘라서 구부린 다음 클립 두 개를 엇갈리게 끼
웠다.

"강산, 내가 하나 둘 셋 하면 그쪽 종이를 잡
아당겨! 알았지?"

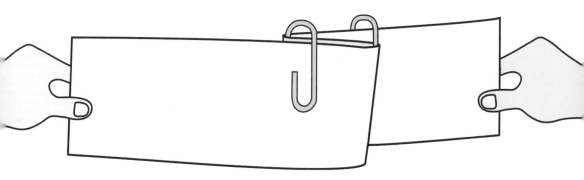

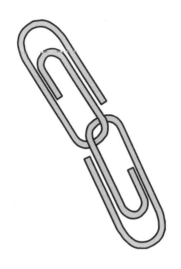

"오케이! 알겠어, 형!"

"하나, 둘, 셋!"

강우와 강산이 종이를 잡아당기자 놀랍게도 두 개의 클립은 어느새 끼워져 하나로 연결돼 있었다. 강우와 강산은 기뻐할 틈도 없이 하나로 연결된 클립을 자물쇠 구멍에 서둘러 끼웠다.

"촤르륵~~!"

그러자 그물이 열리면서 새들이 하늘로 멀리멀리 날아가

기 시작했다. 강우와 강산을 태운 독수리도 힘차게 날갯짓을 하며 날기 시작했다. 하지만 새들이 한꺼번에 날아오르면서 앞이 안 보일 지경이었다. 새들은 점점 더 강우와 강산을 둘러싸고 날기 시작했다.

"어어~. 새들아, 우리 내려 주면 안 될까? 우리 탐조에서 만나…, 자…. 어어어~, 으악!"

"똑똑! 너희 정말 안 나올 거야?"

화장실 문을 두드리는 소리에 문을 열고 나간 강우와 강산은 와락 엄마를 끌어안았다.

"어머! 잘못해 놓고 애들이 왜 이래?"

"엄마, 앞으로는 제가 양보할게요. 형이니까요."

"아니에요, 엄마. 제가 형한테 양보할게요. 1분도 형은 형이니까요."

엄마는 이제 서로 양보를 하겠다는 강우와 강산의 말을

듣자 화가 스르륵 풀렸다. 그래서 좀 더 새를 관찰하기로

하고 다시 밖으로 나갔다. 어느새 더 많은 새가 바닷가에

날아와 있었다.

"자, 형이 양보할 테니 너 먼저 쌍안경으로 봐."

"아니야, 동생이 먼저 양보할 테니 형이 먼저 봐."

"무슨 소리야? 형이 먼저 양보할 거라고 했잖아. 말 좀

들어."

"형님 먼저 몰라? 내가 양보할 거라니까!"

강우와 강산은 이번에는 서로 양보하겠다고 다시 다투기

시작했다. 그 소리에 놀라 새들이 하늘로 날아오르기 시작

했다. 강우와 강산의 머리에 새똥을 싸며….

"퍽!"

변기박사의
과학실험

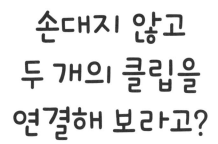

손대지 않고
두 개의 클립을
연결해 보라고?

 손을 대지 않고 두 개의 클립을 연결해 보자!
적절한 위치와 방향으로
클립을 끼우는 것이 마법의 열쇠!

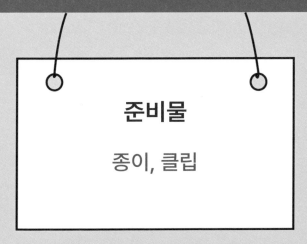

준비물

종이, 클립

활동 1 긴 종이를 준비한다.

활동 2 종이를 두 번 접어서 겹쳐 둔다.

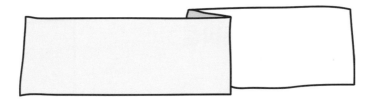

활동 3 겹친 종이에 클립 두 개를 끼운다.

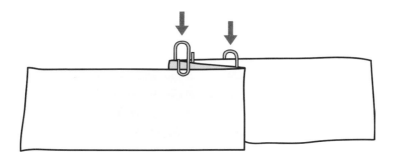

활동 4 종이가 완전히 펴질 때까지 양쪽으로 잡아
당긴다.

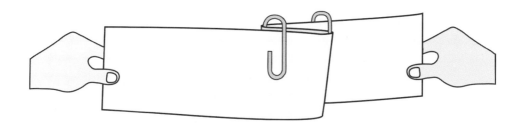

활동 5 클립 두 개가 순식간에 연결된다.

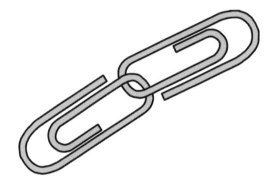

우와~,
손대지 않고
저절로 연결이 됐어!

어떻게?
클립이 저절로
서로 연결될까?

어떤
원리일까?

우리가 흔히 사용하는 클립은 일종의 용수철

이에요. 용수철은 힘을 가하면 모양이 변했다가 다시 제

모습으로 돌아오려는 성질인 '탄성'을 이용해 만든 것이랍

니다. 누르면 들어갔다 다시 올라오고, 잡아당기면 늘어났

다가 다시 줄어들죠.

클립은 용수철만큼 강하지 않지만, 다시 제자리로 돌아오는 탄성을 가지고 있어요. 종이를 S자로 접은 다음, 클립을 끼우고 잡아당기면, 두 클립이 벌어졌다가 원래 모습으로 돌아오는 탄성으로 서로 연결된답니다. 탄성 때문에 클립이 벌어졌다가 다시 제자리로 오면서 닫히는 것이죠.

종이를 접고 클립을 끼우는 방법도 중요해요. 종이를 S자로 접으면 종이가 세 겹이 돼요. 그중 가운데 종이는 양쪽 종이의 공통되는 부분이에요. 클립을 끼울 때, 이 공통된 종이 부분에 클립을 겹쳐서 연결하는 거예요. 클립을 연결한 다음, 잡아당기면 종이가 점점 펴지게 되고, 그 사이에 있던 클립은 점점 가까워지고, 종이를 쫙 펴는 순간 두 클립이 서로 벌어졌다가 닫히면서 연결되는 것이지요. 직접 한번 해 보면 원리를 쉽게 알 수 있답니다.

화장실 미션 1

종이를 이용해 클립을 연결해 보자!

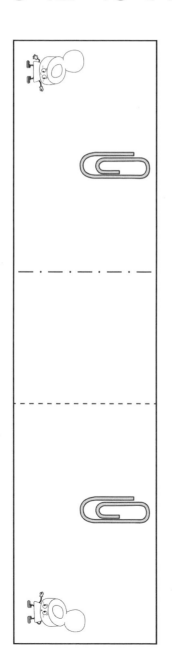

에피소드 #2

방귀는 못 말려

'아, 어떡하지? 또, 또, 또 나오려고 해!'

우섭이는 오늘도 학교 수업 시간에 자꾸 방귀가 나오려고 해서 괴롭다. 집에서는 별명이 방귀쟁이일 만큼 방귀를 자주 뀌는데, 그럴 때마다 엄마 아빠는 귀엽다고 엉덩이를 톡톡 두드려 주신다.

그런데 방귀가 학교에서도 자꾸 나오려고 하는 게 문제다. 내가 좋아하는 단짝 연아 앞에서는 절대 방귀를 뀌고 싶지 않기 때문이다.

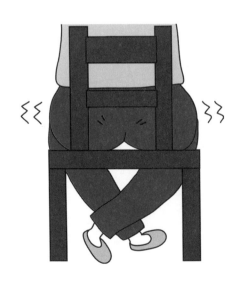

'제발, 제발! 빨리 수업 종아 울려라!'

우섭이는 엉덩이에 힘을 최대한 주면서 방귀를 간신히 참고 있었다. 조금만 있으면 수업이 끝날 거고, 그러면 재빠르게 뛰어서 화장실로 가서 방귀를 뀔 참이었다.

"뿌옹~."

그런데 그때 옆에서 방귀 소리가 들렸다. 우섭이는 방귀를 잘 참고 있었는데 방귀 소리가 난 것이다.

'나는 아직 방귀 안 뀌었는데… . 그럼 설마 연아가?'

우섭이는 깜짝 연아를 바라봤는데, 연아는 금방이라도 울음이 터질 듯한 표정을 하고 있었다. 조용한 교실에서 방귀 소리가 나자 금세 반 친구들은 크게 웃어 대기 시작했다.

"크크크, 우리 반 방귀대장을 찾아라! 둘 중 방귀 뀐 사람이 누구야?"

친구들은 우섭이와 연아 자리를 보면서 과연 누가 방귀를 뀌었는지 궁금해 못 참겠다는 표정들이었다.

"어….미….."

"하하! 미안! 아까 급식에서 고구마를 두 개나 먹었더니 방귀가 막 나오지 뭐야? 하하하!"

우섭이는 연아가 말을 막 하려는 순간 큰 소리로 자신이 방귀를 뀌었다고 거짓말을 했다. 뭔가 연아를 위해 그러고 싶은 생각이 들었다. 그리고 그런 자신이 좀 멋지다는 생각도 들었다. 하지만 연아의 표정은 우섭이의 생각과 달리 좋지 않았다.

"방귀는 누구나 뀌는 거예요. 그런 걸로 친구를 놀리면 안 된다고 선생님이 말했죠? 그런 의미로, 다음 시간에는 방귀가 나오는 원리에 대해서 같이 이야기해 볼 거예요. 알았죠? 이만 수업 끝!"

수업이 끝나자마자 친구들은 우섭이한테 몰려들었고,
연아는 우섭이에게 창피했는지 급히 나가 버렸다.

'연아가 화났나? 윽! 다시 방귀가 나오려고 하네!'

우섭이는 서둘러 교실 문을 열고 화장실로 향했다.
하지만 내내 참은 탓인지 방귀가 뽕뽕~ 계속 나왔다.

"와하하하! 우섭이 진짜 방귀대장이네!"

친구들은 그린 우섭이를 보며 복도가 울리도록 웃어 댔다. 우섭이는 너무 속상해서 화장실로 뛰어가 문을 걸어 잠궜다.

"아이 진짜 속상해! 방귀는 대체 왜 나오는 거냐고? 왜 나와 연아를 괴롭히는 거지? 방귀 나빠! 방귀가 없어졌으면 좋겠어!"

그러자 갑자기 이상한 일이 일어났다. 변기가 흔들흔들 거리면서 방귀 소리를 내기 시작한 것이다.

"쿵쿵~, 뿡뿡~, 쿵쿵~, 뿡뿡~!"

"어어? 왜 이러지? 변기도 방귀를 뀌나?"

변기는 점점 더 큰 소리를 내며 흔들거렸다. 우섭이는 무서운 마음에 얼른 나가야겠다고 생각하며 화장실 문을 열었는데….

"뿡!!!"

"화장실 익스프레스~~~"

"으~, 뭐야? 엄청난 방귀 소리를 내며 변기가 폭발한 건가?"

겨우 정신을 차리고 눈을 뜬 우섭이는 아까 들은 큰 방귀 소리에 아직도 귀가 먹먹한 느낌이었다. 하지만 눈앞에 펼쳐진 풍경을 보고는 화들짝 놀라 벌떡 일어날 수밖에 없었다. 분명 학교 화장실에 들어왔는데, 지금은 전혀 다른 세상이 펼쳐져 있었다.

"어? 여기가 어디지? 나 분명 학교에 있었는데?"

우섭이는 학교가 아닌 들판에 있었다. 그리고 저 멀리 울창한 숲으로 오솔길이 나 있었다. 우섭이는 당황스러운 마음에 주위를 두리번거렸다. 지나가는 사람이라도 있으면 여기가 어딘지, 대체 나는 왜 여기 와 있는지 물어보고 싶었기 때문이다.

"♬삐리리~, 삐리리~, 삐리리리~. ♪"

그때 어디선가 피리 소리가 들려오기 시작했다.

소리가 나는 곳을 보니 어두운 숲에서 누군가 피리를 불며 걸어 나오고 있었다. 우섭이는 반가운 마음에 한 걸음에 달려가 인사를 했다.

"안녕하세요! 저 좀 도와주세요!"

피리를 부는 아저씨를 가까이에서 본 우섭이는 깜짝 놀랐다. 아저씨는 알록달록한 피에로 복장을 하고 있었고 모자도 쓰고 있었다. 게다가 모자 위에는 쥐 한 마리도 앉아 있었기 때문이다! 분명 동화책에서 본 '피리 부는 사나이' 모습 그대로였다.

"진짜 피…, 피리 부는 사나이 맞아요?"

"나는야 피리 부는 사나이! 피리를 불어서 소원을 들어주는 사람이란다. 삐리리~, 삐리리~."

피리 부는 사나이는 연신 피리를 불어 대며 우섭이에게 점점 가까이 다가왔다.

"네가 바로 방귀를 없애고 싶다고 한 어린이구나. 내가 너의 소원을 들어주마."

"정말요? 그럼 저 이제 방귀 안 뀔 수 있어요?"

피리 부는 아저씨는 씩 웃으며 우섭이에게 얼굴을 가까이 가져다 대며 말했다.

"그럼~. 그런데 방귀가 대체 뭔지는 알고 안 뀌게 해 달라고 하는 거니? 음식을 먹을 때는 공기도 같이 몸 속으로 들어가게 된단다. 음식물이 소화되는 과정에서 분해되면서 가스가 생기는데, 이게 공기와 섞여서 항문 으로 빠져나오는 게 바로 방귀지!"

"그런데 왜 전 방귀가 그렇게 자주 나오는 거예요?"

"사람마다 다르긴 하지만! 음식을 빨리 먹거나 탄산 음료를 자주 먹으면 방귀가 자주 나올 수 있지!"

우섭이는 그제야 방귀를 자주 뀌는 이유를 알 것 같 았다. 급식 빨리 먹기 대장에다가 톡 쏘는 맛을 좋아해 서 탄산음료도 자주 먹고 있었기 때문이다.

"자, 이제 내가 피리를 불면 너는 더 이상 방귀를 뀌지 않게 될 거야. 준비됐니?"

"좋아요! 난 이제 방귀 탈출이다!"

피리 부는 사나이는 우섭이를 보고 눈을 찡긋하더니
이내 피리를 입에 대고 불기 시작했다.

"삐리리리~, 삐리리리~, 삐리~, 삐리~, 삐리리리
~, ♪ 삐리리리리~~, ♬"

그런데 이상한 일이 일어나기 시작했다. 피리 소리가
울려 퍼지는 것과 동시에 우섭이의 배가 풍선처럼 부풀
어 오르기 시작한 것이다.

"어? 어? 뭔가 잘못된 것 같아요. 제 배가 점점 커지고 있다고요!"

"당연하지! 네 소원은 방귀를 뀌지 않게 되는 거였잖니. 방귀를 없애 달라고 한 건 아니잖아? 그러니까 네 뱃속에서 가스는 만들어지는데 밖으로 나오지 않게 해 준 거란다."

피리 부는 사나이는 아무렇지 않다는 듯이 말하고는 다시 피리를 불기 시작했다.

"뭐라고요? 그럼 내 배! 내 배는요? 내가 원한 건 이게 아니라고요! 소원 취소예요!"

우섭이는 점점 커지는 배를 움켜잡고 큰 소리로 말했다. 이러다가는 금방 배가 터질 것 같았기 때문이다. 하지만 피리 부는 사나이는 우섭이의 마음을 아는지 모르는지 피리를 계속 불면서 숲속을 향해 걸어가기 시작했다.

"삐리리~, 삐리리리~, 삐리리리~.♬ 소원을 취소하고 싶다면 나를 따라 숲속으로 들어와서 평생 살면 된단다."

"뭐라고요? 난 다시 학교로 돌아가고 싶어요. 엄마 아빠랑도 같이 살고 싶다고요!"

우섭이는 점점 커지는 배가 이제는 정말 무서울 지경이었다. 하지만 피리 부는 사나이를 따라 숲속에서 평생 사는 건 더 무서웠다.

"삐리리리~♬ 그렇다면 나처럼 피리를 부는 방법밖에 없지. 그러면 너의 소원은 사라질 거야! 하지만 서둘러야 할 거야!"

피리 부는 사나이는 다시 피리를 불면서 숲속으로 걸어가기 시작했고, 우섭이의 배도 점점
부풀어 오르기 시작했다.

"으…, 나는 피리가 없는데 어떻게 피리를 불지? 주머니에 있는 거라곤 수업 시간에 쓴 종이뿐인데…. 아, 그래! 종이!"

우섭이는 얼마 전 종이 조각으로 장난을 치다가 소리가 났던 생각이 났다. 그때 연아는 그 소리가 꼭 피리 소리 같다고 했었다. 우섭이는 종이를 곧게 펴서 입술 사이에 놓고 입을 벌려 불기 시작했다.

"후…, 프…, 삐!"

"된다! 된다! 피리 소리가 난다!"

우섭이는 기쁜 마음에 계속해서 종이 피리를 불었다.

"삐리리~, 삐리리~. ♬"

우섭이의 피리 소리가 울려 퍼지자 피리 부는 사나이는 그대로 숲속으로 사라졌다. 하지만 그 사이 우섭이의 배는 점점 커져서 이제는 마치 풍선처럼 몸이 둥실 떠오르기 시작했다.

"뭐예요? 소원 취소된 거 맞죠? 으아~, 나 날아간다아~!"

우섭이가 정신을 차렸을 때 모든 반 친구들이 우섭이를 쳐다보고 있었다.

"그래, 우섭아! 네가 방귀의 원리에 대해 설명하고 싶다고 손 들은 거 맞지? 친구들에게 설명해 줄래?"

우섭이는 순간 당황했지만, 피리 부는 사나이를 떠올리며 설명하기 시작했다.

"그러니까 음식물이 우리 몸속에서 소화되는 과정에서 분해되면서 가스가 생깁니다. 그런데 우리가 음식을 먹을 땐 공기도 함께 들어가게 돼요. 이 공기가 가스와 섞여서 항문으로 나오는 게 바로 방귀입니다. 뽀옹~!"

"하하하하하!"

우섭이는 방귀 설명을 하면서 자신도 모르게 방귀가

뿡 하고 나와 버렸다. 반 친구들은 모두 웃었지만 우섭이는 왠지 이전처럼 마냥 창피하지만은 않았다. 이어서 연아가 손을 들고 발표하기 시작했다.

"음식을 급하게 먹거나 탄산음료를 많이 먹으면 방귀가 많이 생길 수도 있다고 합니다. 저도 사실 아까 수업 시간에 방귀를 살짝 뀌었는데요, 앞으로는 음식을 천천히 먹고 탄산음료도 적게 먹으려고 합니다. 우섭아, 너도 같이 그럴 거지?"

"어? 그럼! 그렇고말고! 헤헷!"

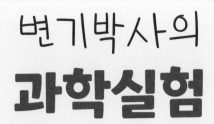

변기박사의
과학실험

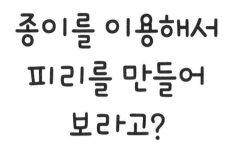

종이를 이용해서
피리를 만들어
보라고?

종이 피리를 만들어 보자!
종이의 종류에 따라 떨리는 정도가 달라지기
때문에 다른 소리를 낼 수 있으니,
다양한 종이로 피리를 불어 보세요.

준비물

종이 도안, 가위

활동 1 종이 도안 두 가지를 잘라서 준비한다.

활동 2 첫 번째 도안은 양손으로 잡고 부는 곳을 살짝 입술로 물고 바람을 불면 소리가 난다.

활동 3 두 번째 도안은 접기 선에 맞춰서 접는다.

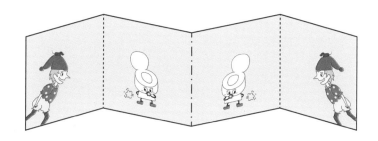

활동 4 접은 도안을 손가락 사이에 끼운다.

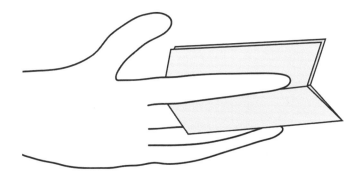

활동 5 손가락 사이에 끼운 가운데 부분에 입을 대고
불어 보자.

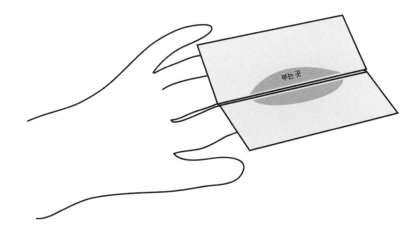

부는 곳

오오오~,
피리 소리가 난다!

왜?
종이에서
피리 소리가 날까?

어떤
원리일까?

소리는 물체가 진동하면서 만들어져요. 목소리도 목에 있는 성대가 진동하면서 공기의 떨림을 만들고, 이 떨림이 소리가 되어 귀로 들을 수 있는 거예요. 종이를 입으로 불면 종이 사이로 공기가 빠르게 움직이게 돼요.

그러면 공기의 압력이 달라지면서 종이가 떨리게 되지요.
이 종이의 떨림이 공기를 진동시키면서 소리가 나게 된답
니다.

소리에서 음의 높낮이는 얼마나 소리가 많이 떨리느냐에
따라 달라져요. 소리가 많이 떨리면 높은 음이, 적게 떨리
면 낮은 음이 난답니다.

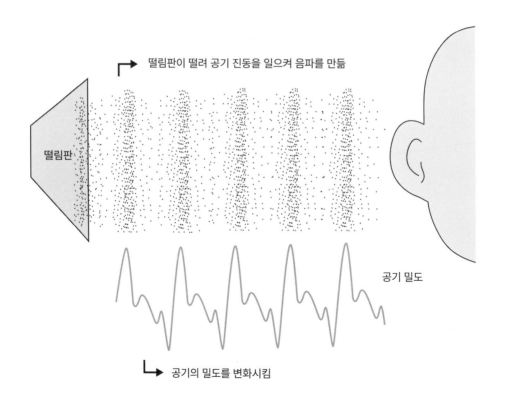

떨림판이 떨려 공기 진동을 일으켜 음파를 만듦

떨림판

공기 밀도

공기의 밀도를 변화시킴

화장실 미션 2

종이로 피리 소리를 만들어 보자!

자르는 선

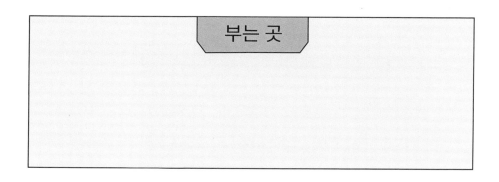

부는 곳

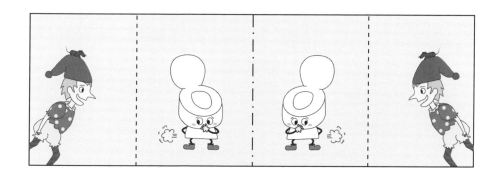

에피소드 #3

천 장을 들어 올리는 한 장

"하나, 둘, 셋! 당겨~!"

오늘도 수정이의 당찬 목소리로 경기가 시작됐다.

"가자! 가자! 당겨~, 당겨!"

모두 마음과 힘을 하나로 모아야 한다. 아닌 것 같지만 순간순간 사용해야 할 기술이 있고, 집중력을 놓치면 그대로 상대 팀에게 주도권을 넘겨주고 만다.

"어…, 어…, 넘어간다~!"

순식간이었다. 넘어간다는 말이 나오자마자 그대로 수정이네 팀이 밀리기 시작했다.

"삐익~! 레드 팀 승리~!"

수정이가 다니는 학교는 아주 오래전부터 학교장배 줄다리기 대회를 하고 있다. 줄다리기 최고 우승 반이라는 명예를 얻기 위해 학생들 모두 죽기 살기로 줄다리기 대회에 매달렸다.

"야! 민수, 너 때문에 오늘 또 졌잖아!"

수정이는 회장이자 줄다리기 팀의 주장이다. 주장의 역할은 단 한 가지. 우승 팀으로 만드는 것. 하지만 수정이는 한 번도 줄다리기 대회에서 우승해 본 적이 없다. 늘 불만은 한 가지. 바로 김민수.

"넌 뭘 먹고 다니냐, 왜 이렇게 힘이 없어?"

줄다리기 대회에서 지고 나면 항상 미움받는 타깃은 민수다. 몸도 마음도 약한 민수는 오늘도 진 이유가 자기 때문이라고 생각한다.

"응, 미안. 난 정말 줄다리기에 소질이 없나 봐."

"헐, 누군 소질 있게 태어난 사람 있냐? 그냥 열심히 좀 하라고, 아니면 운동을 해서 근육을 좀 키워 오든지."

수정이는 자기보다 힘이 약한 민수가 자꾸 거슬린다.

"오늘부터 특별 훈련이야!"

보다 못한 수정이는 민수에게 특별 훈련을 시키기로 했다. 학교든 집이든 지하철이든 이제 엘리베이터는 사용 금지다. 학교에서 무거운 물건을 나를 때는 무조건 민수 먼저. 줄다리기 연습이 끝나고 무거운 줄을 정리해서 옮겨 두는 것도 민수 담당이다.

"이건 좀 우리가 너무했나? 좀 도와줘야 하는 거 아닐까?"

친구들이 말려도 수정이 생각은 변하지 않는다.

"뭐? 그런 생각이 약하게 만드는 거야. 우리 한 번은 우승해야 하지 않겠냐?"

수정이 머릿속에는 우승 트로피를 들어 올리는 것뿐이었다. 그러던 어느 날, 사고가 났다.

"삐요~, 삐요!"

"어? 뭐지? 학교에 웬 구급차?"

친구들이 운동장으로 달려 나가 보니, 누군가가 구급차에 급하게 실렸다.

"수정이가 계단에서 굴러 넘어졌대. 줄다리기 줄을 옮기다가 계단에서 발을 헛디뎠나 봐."

"다리가 심하게 꺾였다고 하던데?"

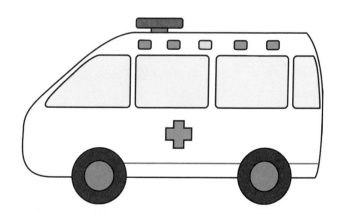

"정말?"

조금 뒤에는 경찰차도 운동장으로 들어왔다.

"뭐야? 그냥 다친 정도가 아니야?"

"이게 무슨 일이래?"

민수는 너무 겁이 났다. 알고 보니 수정이가 민수를 강하게 훈련시킨 것이 맘에 걸렸던지, 민수 대신 혼자 무거운 줄다리기 줄을 옮기다가 계단에서 넘어진 것이었다. 민수는 수정이가 다친 게 모두 자기 탓이라고 생각했다. 겁이 나서 화장실로 뛰어 들어갔던 민수는 밖으로 나올 수가 없었다.

"다 나 때문이야….."

그때였다. 앉아 있던 변기에서 무슨 소리가 나기 시작했다. 깜짝 놀란 민수는 일어나서 변기 뚜껑을 열어 보았다.

"앗, 이게 뭐지?"

변기 안에는 뭔가 밝게 빛나는 구슬이 있었다. 하나, 둘, 셋…. 구슬이 하나씩 점점 늘어나더니 변기 안을 꽉 채웠다.

민수가 구슬을 들여다보는 순간, 갑자기 변기 물이 빠져나

가는 것처럼 아래로 확 빨려 들어갔다.

  "으아~~~."

"화장실 익스프레스~~~"

민수도 구슬과 함께 어디론가 빨려 들어갔다. 끝도 없는 낭떠러지로 떨어지는 느낌이었다.

"아⋯, 뭐지."

민수는 온몸이 아팠다. 하여간 어딘가 바닥으로 떨어졌다는 느낌이 들었다. 자세히 주변을 돌아보니 어떤 방처럼 생긴 공간에 있었다. 한쪽 벽에는 창문이 있는 곳이었다.

"여긴 병원의 안쪽이야."

민수는 깜짝 놀랐다. 어디에서인지 모르지만, 방 안을 울리는 음성이 하나 들렸다. 그러자 창문이 갑자기 밝아졌다.

"어? 수정?"

창문 밖으로는 누워 있는 수정이가 보였다. 병원 입원실의 옆방처럼 느껴졌다. 하지만 누구도 그 방이 있는지 모른다는 걸 민수는 느낄 수 있었다. 수정이는 아주 오랫동안 잠들어 있었던 것처럼 눈을 감고 있었다.

"깨우려면 문제를 풀어야 해."

목소리가 또 들려왔다. 민수는 허공에 대고 다시 물었다.

"무슨 문제? 문제를 풀라고?"

민수가 있는 방 안에 없었던 테이블이 하나 생겼다. 그 위에는 종이쪽지가 하나 놓여 있었다.

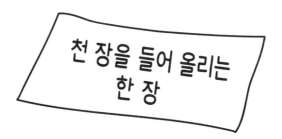

천 장을 들어 올리는 한 장

"이게 무슨 말이지? 천 장을 한 장으로 들어 올리라고?"

이번에는 테이블 위에 종이가 한가득 올려져 있었다. 그리고는 수정이가 보이는 옆방 창문에 시간이 나타났다.

'100.00'

"이건 또 뭐지?"

그러자 시간이 줄어들기 시작했다. 99.00…, 98.00…, 97.00…, 96.00…. 시간이 줄어들어 0이 되기 전에 문제를 풀어야 한다는 거라는 걸 민수는 바로 알 수 있었다.

"한 장으로 천 장을 어떻게 들어 올려?"

민수는 일단 천 장을 맨손으로 들어 보았다. 무게가 꽤 무거웠다.

"이 정도를 어떻게 버티지?"

일단 종이 위에 종이 천 장을 올려놓고 들어 보았다. 예상대로 쉽게 찢어져 버렸다. 이번에는 종이를 반으로 접어서 두껍게 만들어 보았다. 이번에는 균형이 안 맞아 그냥 한쪽으로 쏟아져 버렸다.

"원래 안 되는 건가…?"

시간은 벌써 50초가 지나가 버렸다. 민수는 초조해지기 시작했다. 문제를 해결하지 못하면 왠지 수정이가 깨어나지 못할 것 같았다.

"그래! 균형을 맞추는 게 중요해. 종이를 뭉치면 더 단단해지겠지."

민수는 종이를 접기 시작했다. 그리고 머릿속에는 수정이 생각만 했다.

"수정아, 미안해. 제발 힘을 내. 다시 깨어나 줘."

시간은 빠르게 지나갔다. 5.00…, 4.00…, 3.00…, 2.00…. 드디어 주어진 시간이 모두 지났다.

"아…, 머리가 너무 아파. 여기가 어디지?"

침대에 누워서 꼼짝도 못 했던 수정이가 눈을 떴다. 창문 너머에 있는 민수가 있었던 방 테이블 위에는 종이 천 장이 종이 한 장을 동그랗게 말아서 만든 원통 위에 가만히 놓여 있었다.

한 달 뒤. 드디어 학교장배 줄다리기 대회 결승전이 열렸다. 최종 결승팀은 예상대로 수정 팀과 경민 팀이다.

"준비~, 시작~!"

시작부터 팽팽했다. 수정 팀은 순서가 바뀌었다. 맨 마지막에 있었던 수정이가 앞으로 오고, 맨 뒤는 민수가 맡았다.

"가자! 가자! 모두, 누워~!"

민수의 힘찬 목소리에 팀원들이 일제히 자리에서 누웠다. 팽팽했던 줄이 수정 팀 쪽으로 쭉 끌려가더니, 꿈쩍도 하지

않는다. 경민 팀은 잡아당기려고 아무리 애를 써도 수정 팀
은 조금도 움직이지 않았다. 경민 팀 주장 경민이가 무리하
게 힘을 주다가 삐끗하면서 줄을 살짝 놓쳤다.

"지금이야! 당겨~! 하나 샤, 둘 샤."

수정이의 힘찬 목소리와 함께 줄을 당겼다. 하나 샤, 둘 샤
라는 말과 동시에 줄은 쭉쭉 수정 팀으로 당겨지고 있었다.

그러자 조금씩 조금씩 줄 가운데 표시된 붉은색 띠가 수정 팀으로 이동하기 시작했다.

"우와~!"

아이들의 환호성이 배경 음악처럼 들렸다. 그 순간 모든 것이 슬로 모션처럼 천천히 보이기 시작했다. 아름다운 힘의 균형이 영화의 한 장면처럼 기울어지고 있었다.

"민수야, 고마워. 아무리 작고 약한 힘이라도 함께하면 얼마나 강해지는지 이제야 알 것 같아."

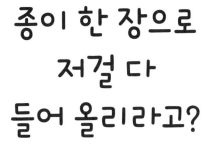

종이 한 장으로
저걸 다
들어 올리라고?

종이 한 장으로 몇 장의 종이를 들어 올릴 수 있는지 실험으로 확인해 보자.
A4 종이만 있으면 준비 끝!

준비물

종이 도안

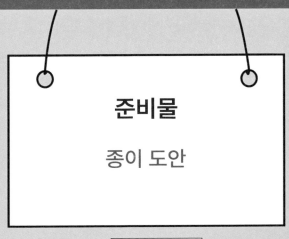

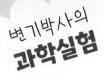

활동 1   도안을 준비한다. 도안 대신 다른 종이를
사용해도 괜찮다.

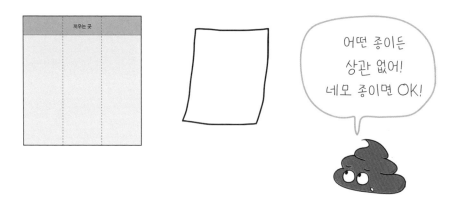

어떤 종이든
상관 없어!
네모 종이면 OK!

활동 2   접기 선을 따라서 선을 접어 긴 직사각형으로
만든다.

활동 3   둥글게 말아서 양쪽을 서로 끼운다.

 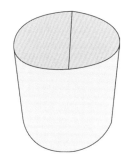

활동 4   원통 위에 종이를 올려 보자! 몇 장까지 올릴 수
있을까?

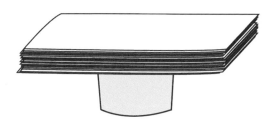

활동 5 원통 위에 종이 대신 책도 올려 보자.

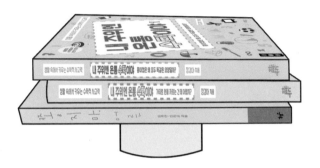

책을 몇 개까지
올릴 수 있을까?
도전!!

헉!
종이컵으로
사람을 들 수 있다고?

어떤
원리일까?

물질 사이에는 서로 끌어당기는 힘이 있어

요. 크기가 크고 무거울수록 끌어당기는 힘이 강해져요. 지구

에서 가장 거대한 물질 덩어리는 지구예요. 지구 안에 있

는 물질은 어떤 물질이든 지구의 영향을 받고 있어요. 지구

를 떠나기 어려운 이유가 바로 지구가 끌어당기는 힘 때문

이랍니다.

마찬가지로, 물건을 들어 올리는 데 힘이 드는 이유도 바로 이 지구가 잡아당기는 힘인 중력 때문이에요. 중력은 지구 중심을 향해요. 그런데 그런 힘을 나누면 힘이 조금 덜 들게 됩니다. 한군데에서 힘을 받으면 힘이 집중되어 세지고, 힘이 집중되는 점을 나누면 힘도 나눠져요.

종이컵은 위아래가 다른 원통 모양의 구조로 되어 있어요. 쉽게 찢어질 수 있는 종이지만, 원통은 힘을 분산시킬 수 있어서 종이컵 위에 무거운 물건도 올릴 수 있답니다. 하지만 사람까지 들어 올리긴 어려워요. 어떻게 하면 종이컵으로 사람을 들 수 있을까요? 정답은 아주 간단해요. 종이컵 6개만 있으면 들 수 있어요. 6개를 바닥에 일정한 간격으로 엎어 놓고 위에 판자를 올린 다음, 올라가 보세요. 웬만한 성인은 거뜬히 버틸 수 있답니다. 바로 종이컵 6개로 힘이 분산되었기 때문이에요.

화장실 미션 3

종이 위에 책을 올려 보자!

자르는 선

끼우는 곳

에피소드 #4

화장지로
바람의 계곡을 건너라

"우와~, 이걸 정말 **화장지**로 민든 서야?"

친구들이 신기해할 때마다 경수의 어깨는 하늘로 높게 치솟는다.

"이거 별거 아냐, 만들기 아주 쉬워. 너희들도 쉽게 만들 수 있다고."

경수는 화장지를 재빠르게 풀었다. 화장지 달인답게 한 손가락을 구멍에 넣고 쭈욱~ 하고 화장지를 잡아당기니까 순식간에 화장지가 풀렸다.

"이렇게 화장지를 다 풀고, 꽁꽁 뭉치는 거야. 여기서 한 가지 나만의 특별한 방법이 있지!"

"뭔데? 뭔데?"

친구들의 눈의 더 동그랗게 커졌다.

"물을 살짝 뿌리면 더 잘 뭉쳐지거든. 너무 많이 뿌려서도 안 되고 적게 뿌려서도 안 되고."

경수가 물을 뿌리고 뭉치자 어느새 화장지는 하얀색 공이 되었다.

"우와~, 역시 화장지 달인 대박~!"

경수는 어느새 화장지로 야구공을 만들고 있었다.

"그런데, 야구공 하나 만드는 데 화장지 한 통을 다 쓰는 거야? 그런 너무 낭비 아닌가?"

가만히 지켜보던 희민이가 말했다.

"에이~, 화장지야 화장실 가면 아주 많은데 뭐. 이것도 학교 화장실에서 가져온 거야."

마침 학원 셔틀버스가 도착했다.

"얘들아, 안녕~, 내일 보자. 이건 희민아, 너 가져."

경수는 화장지로 만든 야구공을 희민에게 던지고 셔틀버

스에 올라탔다.

"다녀왔습니다~."

집에는 아무도 없었다.

"어? 엄마 어디 가셨나?"

식탁에는 엄마가 남겨 놓은 쪽지가 있었다.

잠깐 마트에 다녀올게.
아마 한 시간 정도 걸릴 거야.
씻고 기다려, 엄마가 카레밥 해 줄게.

집에 아무도 없다는 사실을 확인한 경수는 침대에 가방을 집어던지고는 바로 휴대전화로 게임을 시작했다.

"오호~, 한 시간 자유 시간이라는 거지?"

경수가 가장 좋아하는 게임을 막 시작하려는 순간, 갑자기 배가 아팠다.

'에이, 하필 이렇게 중요할 때 화장실이람.'

경수는 게임을 하면서 화장실로 달려갔다. 볼일을 보는 동안에도 게임을 놓을 수가 없었다. 볼일을 다 마친 경수의 머리에는 재미있는 상상이 떠올랐다.

'경민이 좀 놀려 줄까?'

얼마 전 동생 경민이가 엄마한테 게임하는 걸 일러서 혼났던 기억이 떠올랐다. 경수는 화장실에 있던 휴지를 모두 풀기 시작했다.

'이렇게 풀어서 화장실을 가득 채우면 아마 문 열고 깜짝 놀라겠지?'

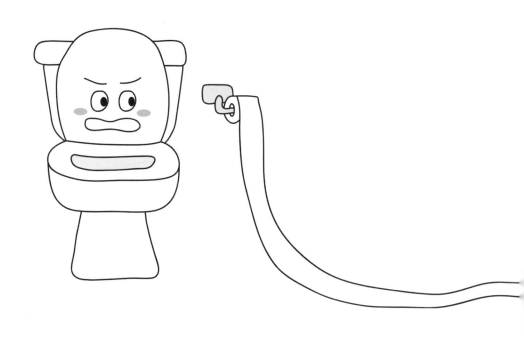

금방 화장지 한 통을 다 풀었다. 그리고 화장지를 벽과 문에 연결해서 마치 거미줄처럼 만들었다. 경수는 다른 화장지 한 통을 다시 풀어서 화장실을 가득 메웠다.

"하하하, 완성~! 경민이가 화장실 들어와서는 깜짝 놀랄 거야."

만족스러운 웃음을 지은 경수가 물을 내리려는데, 갑자기 변기 안에서 소리가 났다.

"뭐지?"

의심스러운 변기 뚜껑을 조심스럽게 열어 보았다. 그러자 변기 안에서 물이 크게 소용돌이치고 있었다. 평소와는 다르게 아주 세게 돌고 있었다.

"이건 뭐지?"

경수가 놀라서 쳐다보고 있는데, 변기 물은 거대한 토네이도가 되어 치솟았다.

"으아~~~~!"

순식간이었다. 커다란 회오리는 경수를 변기 안으로 삼켜

버렸다. 경수가 열심히 쳐 놓은 화장지 거미줄과 함께.

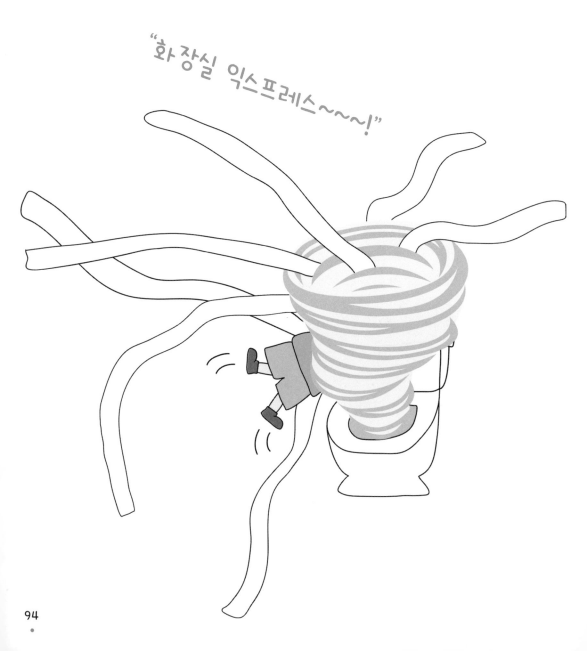

"화장실 익스프레스~~~!"

'나 죽은 건가….'

경수가 눈을 떠 보니 눈앞에는 캄캄한 어두운 천정이 보였다. 건물 안이 아니라 동굴 같은 곳에 누워 있다는 생각이 들었다. 차가운 바람이 세차게 불어왔다.

"여긴 어디지?"

몸이 무거웠다. 간신히 일어나 보니 눈앞에는 놀라운 모습이 펼쳐져 있었다.

"뭐야? 여긴 낭떠러지야?"

경수가 있는 곳은 절벽이었다. 다리가 없는 절벽 위에 서 있었다. 경수가 돌멩이를 하나 집어서 아래로 던져 보았다.

'….'

얼마나 높은 곳인지 돌멩이가 바닥에 닿는 소리가 들리지 않는다. 경수는 갑자기 소름이 돋았다.

'나 여기 갇힌 건가….'

뛰어서 건너가기에는 너무 거리가 멀었다. 다리는 물론 건너편까지 연결할 줄도 없었다.

'어쩌지….'

고민하는 경수의 눈에 뭔가 들어왔다. 가만히 생각해 보니 밟고 있는 바닥이 마치 거대한 두루마리 휴지 같았다.

경수는 바닥에 있는 거대한 두루마리 휴지를 들어 올렸다.

"이걸 한 번에 풀어서 반대편까지 가게 해야 해. 그래야 다리를 만들 수 있어."

경수의 고민이 다시 시작됐다. 아무리 휴지를 한꺼번에 푼다고 해도 반대편까지 휴지를 보낼 수 없었다. 휴지를 통째로 던지기에는 너무 크고 무거웠고, 휴지를 이동시킬 긴 나뭇가지도 없었다.

'휘이~ 잉'

다시 바람이 세차게 왔다. 낭떠러지 사이에 부는 바람은 차고 무서웠다.

"어? 바람! 그래, 지금 이용할 수 있는 건 바람이야!"

경수는 문득 과학 실험을 할 때 바람으로 종이를 날리던 생각이 떠올랐다.

"두루마리에 바람을 불면 공기의 흐름을 타고 휴지가 날아가게 되어 있어. 두루마리 휴지니까 통을 잘 잡고 풀면 건너편까지 휴지를 끊지 않고 날릴 수 있을 거야."

경수는 거대한 휴지가 잘 풀리도록 두루마리 휴지 가운데를 팔로 끼워 들었다. 마치 경수가 거대한 휴지걸이가 된 것 같았다. 그리고 바람이 세차게 불길 기다렸다.

'5, 4, 3, …, 1!'

"지금이야!"

바람이 세차게 불어오자, 경수는 힘껏 두루마리를 들었다. 휴지 끝부분이 바람에 날리기 시작하더니 휴지가 풀리기 시작했다.

"됐다! 성공이야!"

휴지는 마치 선풍기 날개처럼 빠르게 돌아갔다. 원기둥 모양 휴지심에 말려 있던 휴지는 바람에 날려 빠르게 풀려서, 절벽을 넘어 반대편까지 날아갔다.

"그거야! 휴지가 반대편까지 날아가고 있어!"

어느샌가 휴지 한 통이 모두 풀려나갔다.

"하지만 휴지는 힘이 없잖아. 반대편까지 휴지를 연결했어

도 약해서 다리가 되진 못할 거야."

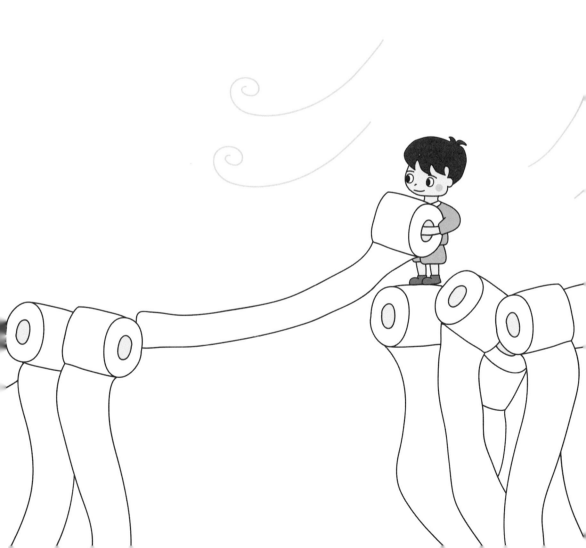

경수가 실망하고 포기하려는데, 이상한 현상이 일어났다.

"어? 저게 뭐지?"

풀린 휴지가 절벽을 사이에 두고, 공중에 떠 있었다. 마치
휴지가 단단한 다리가 되어 있는 것 같았다.

"다…, 다리가 됐어."

가만히 보니, 절벽 사이에는 투명한 유리로 된 다리가 있
었다. 휴지로 다리를 만들지 않았다면 투명한 다리를 보지
못했을 것 같았다.

"유리 다리가 있었구나."

경수는 천천히 조심스럽게 휴지로 덮은 유리 다리를 건넜
다. 깨지지 않도록 조심조심.

건너편에는 숲이 있었다. 그리고 숲에서는 조그만 소리가 들려왔다.

"그렇게 숲이 사라진다."

숲으로 난 길을 따라 걸어가는데, 바람에 나무들이 흔들리면서 또 소리가 들렸다.

"그렇게 숲이 사라진다."

조금 더 걸어가 보니 숲의 나무들이 하나씩 사라지고 있었다. 마치 땅으로 나무가 빨려 들어가는 것처럼 쑥 하고 꺼져 버렸다.

그러고는 갑자기 하늘에서 거대한 두루마리 휴지가 한 통 떨어졌다.

"깜짝이야!"

경수는 깜짝 놀랐다. 알고 보니 아까 절벽에서 열심히 풀었던 그 휴지였다.

"그렇게 숲은 사라지고, 휴지가 태어난다."

"그렇게 숲이 사라진다."

"그렇게 숲이 사라진다."

"그렇게 숲이 사라진다."

경수는 그때야 깨달았다. 휴지가 만들어지는 만큼 숲에 있는 나무가 사라지고 있었다.

'아…, 나무로 휴지를 만드는 거지….'

문득 휴지를 풀어서 화장실에 거미줄을 치던 생각이 났다.

'내가 장난치고 써 버린 휴지 때문에 나무가 저렇게 죽는 구나.'

화장지가 하나씩 만들어질 때마다 숲이 사라지고 있었다. 어느새 숲은 모두 사라지고 휴지로 쌓인 도시가 나타났다.

바람이 세게 불어왔다. 마치 거미줄을 치듯이 하얀 화장지가 바람에 날렸다.

"아…, 화장지가…."

경수의 얼굴로 화장지가 덮였다. 경수가 화장지를 걷어 냈다.

"어? 여긴 화장실?"

정신 차려 보니 경수는 다시 화장실 변기에 앉아 있었다. 여전히 화장실에는 휴지가 거미줄처럼 얽혀 있었다. 문득 사라지던 숲이 생각났다.

"이러면 안 되지."

경수는 자신이 쳐 놓은 휴지 거미줄을 하나씩 걷어서 감았다. 다시 쓸 수 있도록.

"우리 왔다~!"

화장실 밖으로 나와 보니 엄마와 경민이가 집에 와 있었다.

"어? 형, 그 화장지는 뭐야?"

경수가 들고나온 한 무더기 휴지를 보고는 동생 경민이가 물었다.

"으…, 응. 이거 화장지야. 실수로 떨어뜨려서 모두 풀렸어. 다시 쓸 수 있게 차곡차곡 다시 모아 둔 거야."

경수가 얼굴은 빨개졌다.

"이야~, 우리 경수 다 컸네. 화장지 가지고 장난만 치는 줄 알았는데 말이야. 휴지는 나무로 만드는 거야. 우리가 휴지를 아껴 쓸수록 나무를 보호하는 일이 되는 거지."

경수의 입에 미소가 그려졌다.

변기박사의
과학실험

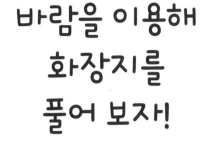

바람을 이용해
화장지를
풀어 보자!

 경수처럼 바람으로 다리를 만들어 보자.
두루마리 휴지와 연필, 드라이어만 있으면
준비 끝!

준비물

두루마리 휴지, 연필
드라이어, 종이 도안

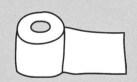

활동 1 연필로 두루마리 휴지심에 꽂아 휴지가 잘 돌아갈 수 있게 준비한다.

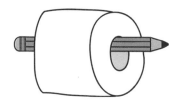

연필이 없으면 볼펜이나 사인펜도 OK

활동 2 휴지를 조금 풀어 둔다.

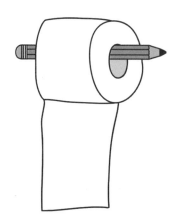

활동 3 드라이어를 준비하고 전원을 연결한다.

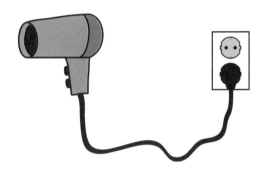

활동 4 드라이어 바람을 화장지에 가져가 보자.

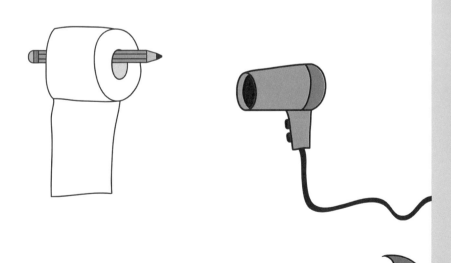

활동 5 휴지가 바람을 타고 순식간에 풀어지면서 날아간다.

활동 6 도안을 이용해 슈퍼맨의 망토를 날려 보자.

테이프 붙이는 곳

왜?
휴지가
저절로 풀어질까?

어떤
원리일까?

바람은 공기의 흐름이에요. 공기가 이동하는 현상을 말하죠. 공기가 이동하는 길에 무엇인가 있으면, 부딪히게 돼요. 바람개비가 있으면 돌아가게 만들고, 물이 있으면 파도를 만들게 돼죠. 사람이 있으면 시원하게 느껴지기도 하고 머리카락이 날릴 거예요.

얇은 종이가 공기가 지나가는 길에 있으면, 공중으로 뜨게 돼요. 종이의 모양에 따라서 종이 위아래로 공기가 지나가게 되는데, 공기의 흐름을 타면, 종이의 위아래에 기압 차이가 생기게 되고, 양력이 생기면서 공중에 뜨게 돼요. 중력보다 바람의 세기가 센 경우에 말이에요.

휴지는 가벼워서 공기의 흐름을 타고 날아가요. 두루마리 휴지는 잘 풀리기 때문에 바람이 꺼지지 않는 한 바람을 타고 계속 이동하게 된답니다. 바람의 세기가 세면 셀수록 양력과 밀어내는 힘이 강해지면서 휴지는 더 빠르게 더 멀리 풀려 이동한답니다.

국기 게양대에 설치해 놓은 태극기가 휘날리는 이유도, 슈퍼맨의 망토가 휘날리는 것도 역시 바람의 영향을 받아서 펼쳐지기 때문이랍니다.

화장실 미션 4

슈퍼맨의 망토를 날려 보자!

한 번에 잘라
별을 만들어라

"가위손이라는 영화 알아?"

지민이가 양손에 가위를 들고 친구들에게 말했다.

"가위손? 가위가 달린 로봇이야?"

친구들 말처럼 영화 〈가위손〉은 손이 가위인 로봇 이야기다. 손에 달린 가위 때문에 상처를 주지만, 능력을 인정받아서 정원사와 미용사로 유명해진 로봇. 지민이는 마치 가위손을 달아 놓은 로봇 같았다.

"우와~, 지민이는 정말 가위질을 잘해."

지민이는 친구들 응원에 신나서 아무 때나 가위질을 한다. 싹둑싹둑 몇 번만 자르면 색종이는 나비가 되고 비행기가 됐다. 하지만 모두 좋은 일만 있는 건 아니다.

"야, 그건 안 돼!"

"야야, 몰라서 그래. 이렇게 하면 더 예쁘다니까~!"

친구들이 만든 것까지 가위로 자르는 게 한두 번이 아니다. 친구들은 처음에 신기해서 자기 것도 해 달라고 했지만, 정도가 지나칠 때면 짜증을 내고 서로 싸우기도 했다.

"오늘은 도형에 대해서 알아봅시다."

이번 수학 시간은 색종이와 가위로 시작했다.

"색종이는 정사각형이에요. 중앙을 따라서 가로세로 한 번씩 자르면 정사각형 몇 개가 될까요?"

"네! 정사각형 4개가 됩니다!"

"좋아요. 그럼, 가로세로 한 번씩 접은 다음 가운데를 가위로 한 번 자르면 어떻게 될까요?"

선생님의 질문에 지민이가 손을 번쩍 들었다.

"네, 세 조각으로 잘립니다. 두 개는 가늘고 긴 사각형이 되고, 나머지 하나는 큰 직사각형이 됩니다."

역시 지민이다운 대답이었다.

"좋아요. 그럼 한번 잘라 볼까요?"

학생들이 모두 가위로 색종이를 잘랐다. 지민이 말 그대로 길쭉한 사각형 두 개와 큰 사각형 하나로 잘라졌다.

"그것 봐! 내 말이 맞지?"

지민이는 신나서 색종이를 가위로 잘랐다.

"그럼, 이번에는 다른 문제를 하나 낼까? 아까 했던 것처

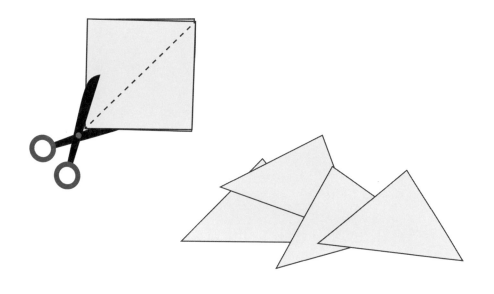

럼 색종이를 가로세로 두 번 접는 거야. 그런 다음 이번에는

가운데가 아니라 대각선으로 한 번 자르면 어떻게 될까?"

이번에도 질문이 끝나기도 전에 지민이가 손을 번쩍 들었다.

"삼각형 4개가 나옵니다~!"

정말 그런가? 친구들은 신기한 듯 색종이를 선생님 말씀

대로 잘라 보았다. 지민이가 말한 대로 이번에는 사각형 색

종이 한 장이 삼각형 네 조각으로 잘라졌다.

"자, 이제 그럼 나만의 도형 작품을 만들어 볼까? 색종이를 여러 번 접어서 자르면 다양한 모양을 만들 수 있단다."

지민이와 반 친구들은 색종이를 접고 자르기 시작했다. 접고 자를 때마다 신기한 모양이 나왔다.

"우와~, 이것 봐. 이건 마치 눈 꽃송이 같지 않니?"

"하하, 나는 삼각형이 여러 개 만들어졌어."

친구들이 즐겁게 색종이로 도형을 만들고 있었는데, 지민이가 참견하기 시작했다.

"에이, 이리 줘 봐. 여기를 이렇게 자르면 좀 더 예뻐진다고."

"그게 삼각형이냐? 여길 이렇게 더 잘라야 정삼각형이 되는 거지."

친구들이 조금씩 짜증을 내기 시작했다.

"야, 그만해. 나도 할 수 있다고."

"원래 내가 하려고 한 건 이게 아니야! 이거 봐! 너 때문에 망쳤잖아."

반이 시끌시끌해졌다. 지민이도 물러서지 않았다.

"뭐가 망쳐! 모르면 가만히나 있어. 내가 지금 도와주는 거잖아."

옥신각신 다투던 지민이가 그만 가위를 놓쳐서 친구 명수의 다리에 떨어뜨리고 말았다.

"아앗!"

떨어진 가위는 명수 무릎에 상처를 냈다. 많이는 아니지
만 피가 나기 시작했다.

"어? 피다! 보건실, 보건실!"

반은 갑자기 소란스러워졌다. 친구들이 명수를 데리고 보
건실로 가는 동안 지민이는 멍하게 가만히 움직이지 못하고
있었다.

'나⋯, 나 때문에 명수가 다쳤다.'

지민이는 너무 창피하고 부끄러웠다. 숨고 싶었다. 지민이는 자기도 모르게 화장실로 달려갔다. 문을 잠그고 변기 위에 앉았다. 눈물이 났다.

"내가….."

지민이의 눈물이 화장실 바닥에 떨어지는 순간. 갑자기 화장실이 환하게 밝아졌다. 눈을 감고 있는 지민이도 주변이 아주 환하게 밝아졌다는 사실을 알 정도로 밝은 빛이었다.

"화장실 익스프레스~~~!"

"뭐지?"

지민이가 일어나 화장실 문을 열었다.

"뭐…, 뭐야, 이게 어떻게 된 일이지?"

분명히 화장실로 들어갔는데, 나와 보니 다른 세상이었다. 명수를 다치게 했다는 충격 때문에 환상을 보고 있는 걸까. 아니면 화장실에서 기절해 버려서 꿈을 꾸고 있는 걸까.

"아무리 해도 안 돼."

어디에선가 작은 목소리가 들려왔다.

"누…, 누구세요?"

지민이가 정신을 차리고 주변을 돌아보니 숲이었다. 그런데 이상한 건 모두 종이로 되어 있다는 사실이었다.

"이게 뭐지? 온통 종이로 되어 있는 세상이잖아? 내가 꿈을 꾸고 있는 건가?"

이리저리 기웃거리고 있는데, 목소리가 또 들려왔다.

"아무리 해도 안 돼."

지민이가 커다란 종이 나무를 돌아서는데, 한 아이가 쪼그리고 앉아서 중얼거리고 있었다.

"종…, 종이 인형? 말을 하네…."

한 아이가 아니라, 종이로 된 아이 인형이었다.

"무슨 일이니?"

지민이는 용기를 내어 종이 인형에게 말을 건넸다.

"아무리 해도 안 돼. 별을 만들어야 하는데…."

종이 인형은 가위로 뭔가 열심히 자르고 있었다.

"별? 종이로 별을 만들려고 하는구나. 내가 좀 도와줄까?"

지민이는 종이를 들어서 슥슥 가위로 잘라 별을 만들었다.

"별이야 뭐 간단하지. 이렇게 만들면 되는 거 아냐?"

지민이가 잘라 만든 별을 종이 인형에게 건넸다.

"아니 아니, 가위는 딱 한 번만 자를 수 있어야 해."

별 모양 자르기는 간단하지!

지민이 눈이 동그랗게 커졌다.

"한 번만 잘라서 별을 만들라고?"

별은 뾰족하게 튀어나온 뿔 모양이 다섯 개인 도형이다.
삼각형도 아니고 단 한 번만 잘라서 별을 만드는 것은 지민
이도 해 보지 않았다.

"한 번만 자르라고…. 그럼 수학 시간에 했던 접어서 잘라
도형 만들기인데…."

어렵다고 생각하니 지민이는 더 도전해 보고 싶었다.

"별이라…. 별은 다이아몬드 같은 사각형 다섯 개를 모아 놓은 것과 같아. 다이아몬드를 절반으로 자르면 같은 모양 의 삼각형을 열 개 붙여 놓은 것과 같고."

별 = 다이아몬드 5개 = 삼각형 10개

지민이는 그 어느 때보다도 열심히, 그리고 신중하게 종이를 접고 잘랐다.

"그래! 그거야. 삼각형 모서리를 한 곳에 다섯 개를 모아 잘라 내면 별이 만들어질지도 몰라!"

지민이는 접고 자르고 또 접고 잘랐다. 처음에는 제대로 되지 않았지만 서서히 별 모양이 되고 있었다.

"이제 마지막 종이야. 이번에도 실패하면 영영 종이 나라에 빛을 밝힐 수 없어⋯."

종이 인형이 실망하고 포기하듯 말을 꺼냈다.

"그게 무슨 말이야? 종이 나라에 빛을 밝힐 수 없다니?"

사실 종이 인형에게는 사연이 있었다.

"난 종이 나라 재단사야. 종이를 잘라서 세상을 만들고 있지. 그런데 어느 날 내가 실수를 해서 종이 나라를 빛내고 있던 별을 잘라 버렸어. 그 별은 우리 종이 나라를 처음 만든 종이 여왕이 만든 거라 아무도 만들지 못하고 있었거든."

지민이는 종이 인형이 왜 종이 별을 만들려고 하는지 알았다.

"종이 별은 접어서 한 번에 만들어야 빛을 낼 수 있어. 이 종이가 빛을 낼 수 있는 마지막 종이야."

지민이는 종이 인형의 딱한 사정을 듣고 신중하게 마지막 종이를 들었다.

"그래, 나도 학교에서 너무 내 자랑만 했어. 그래서 실수로 친구를 다치게 했고. 나도 뭔가 도움이 되고 싶어."

지민이는 신중하게 종이를 접었다.

"같은 크기를 가진 열 개의 삼각형. 다섯 개의 다이아몬드가 될 수 있는 열 개의 삼각형."

마침내 지민이가 생각하는 삼각형이 완성되었다.

"이제 자를 시간이야. 이번 한 번으로 성공하지 않으면 빛을 잃고 나도 집으로 못 돌아갈지도 몰라."

지민이는 접을 종이에 가위를 가져다 댔다.

"별을 만들어 줘. 제발⋯."

지민이는 소원을 빌 듯 가위로 종이를 잘랐다. 지민이 손에는 접어 놓은 삼각형만 남아 있었다.

"펼쳐 볼게⋯."

지민이가 조심스럽게 잘라 놓은 삼각형을 펼치지 시작했다. 종이 인형도 숨을 죽이면서 펼쳐지는 종이를 바라보았다.

"하나, 둘, 셋, 넷….."

조심스럽게 펼쳐진 종이가 지민이 손바닥 위에 놓여 있었다.

"우와~, 별이야!"

종이 인형이 신기한 듯 지민이 손에 놓인 종이를 바라봤다. 지민이 손에는 정말 예쁜 별 하나가 놓여 있었다.

"성공이다!"

종이 인형은 지민이 손을 잡고 달리기 시작했다. 숲 아래에는 아주 작고 예쁜 종이 마을이 있었다. 그리고 마을 한가운데에 있는 분수로 달려갔다.

"저기야. 별은 분수대 맨 가운데 위에 있는 나무 위에 걸어야 해."

분수대는 물 대신 종이 가루가 뿜어져 나오고 있었다. 가운데는 종이 인형이 말한 나무가 한 그루 있었다. 마치 크리스마스트리 같았다.

"여기에 올려 놓으면 되는 거지?"

지민이는 분수대 안으로 들어가서 나무의 맨 위에 종이 별을 올려 두었다. 종이 별이 올라가자마자 어두웠던 마을이 환하게 빛나기 시작했다.

"우와~! 빛이다. 성공이야!"

종이 별이 마을을 환하게 비추고 있었다. 별을 바라보고 있는 지민이의 얼굴에도 빛이 환하게 비추고 있었다.

"야, 지민아! 너 거기에 있냐?"

문을 두드리는 소리에 지민이가 깜짝 놀라서 깼다.

"어? 어떻게 된 거지? 여긴?"

지민이가 앉아 있는 곳은 화장실 변기 위였다. 깜짝 놀라 일어나서 화장실 문을 열었다.

"야, 너 없어졌다고 얼마나 찾았는데."

명수였다. 무릎에는 밴드가 붙어 있었다.

"너 괜찮아? 미안해. 내가 다치게 했지."

"야, 그게 무슨 소리냐. 너랑 나랑 까불다 그렇게 된 거지. 선생님 걱정하신다. 빨리 가자."

명수는 손을 내밀었다. 지민이가 잡은 명수의 손은 어느때보다도 따뜻했다. 마치 빛나는 종이 별처럼.

변기박사의
과학실험

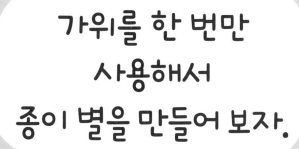

가위를 한 번만
사용해서
종이 별을 만들어 보자.

 딱 한 번의 가위질로 예쁜 종이 별을 만들어 보자.
종이 접는 방법을 잘 따라하면 손쉽게 예쁜 모양의
종이 별을 만들 수 있다.

준비물

색종이, 가위

변기박사의
과학실험

활동 1 색종이를 한 장 준비한다.

활동 2 종이를 반으로 접는다.

활동 3 오른쪽 모서리를 안으로 접어서 삼각형을 만든다.

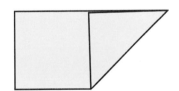

활동 4 다시 펼친 다음, 반대편으로 삼각형을
만들어 접는다.

 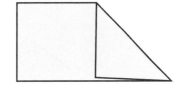

활동 5 다시 펼친 다음, 반대편 왼쪽 모서리를 접어서
만든 십자 모양에 맞춰 접는다.

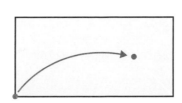 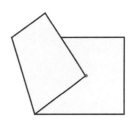

활동 6 반대로 절반을 접는다.

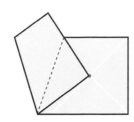 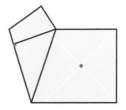

활동 7 　오른쪽 남은 부분을 접어 놓은 부분에 맞춰서
　　　　　접는다.

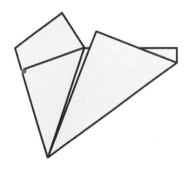

활동 8 　접어서 맞닿은 부분을 반대로 반을 접는다.

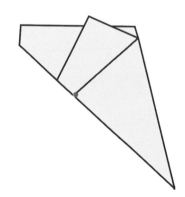

활동 9 가장 아래 뾰족한 모서리 부분으로부터
똑같은 모양의 삼각형이 되도록 표시한다.

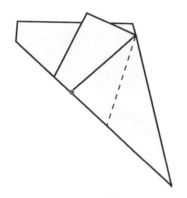

활동 10 표시한 부분을 한 번에 가위로 자르면 삼각형이
된다.

활동 11   이제 펼치면 아주 예쁜 별 모양이 나타난다.

우와!
가위질 한 번으로
예쁜 별이 만들어졌어!

왜?
한 번만 잘랐는데
별이 만들어졌을까?

어떤
원리일까?

도형은 주로 좌우 대칭으로 되어 있어요. 왼쪽 오른쪽이 같기 때문에 종이를 잘 접어서 자르면 한 번에 완성된 도형을 만들 수 있답니다.

별 모양은 다섯 개의 뿔로 이뤄져 있어요. 다이아몬드 모양의 도형 다섯 개를 합쳐 놓은 모양이에요. 다이아몬드 한

개는 삼각형 두 개를 서로 맞붙여 놓은 모양이죠. 별 모양은

같은 모양 삼각형 열 개를 서로 맞붙여 놓은 모습과 같답니

다. 각 모서리가 이루는 각은 36도예요. 삼각형의 10개 모

서리가 모두 모이면 360도가 된답니다.

화장실 미션 5

한 번의 가위질로 별을 만들어 보자!

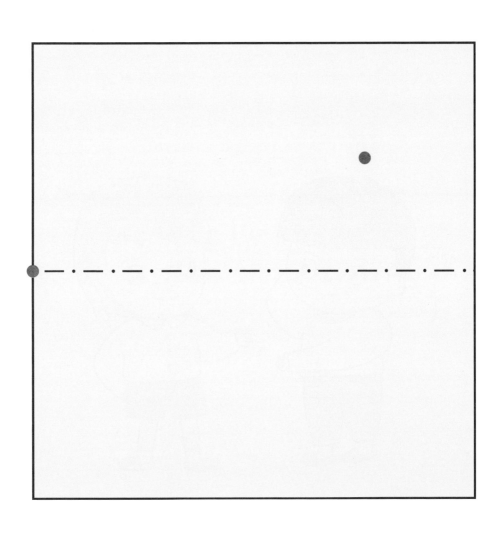